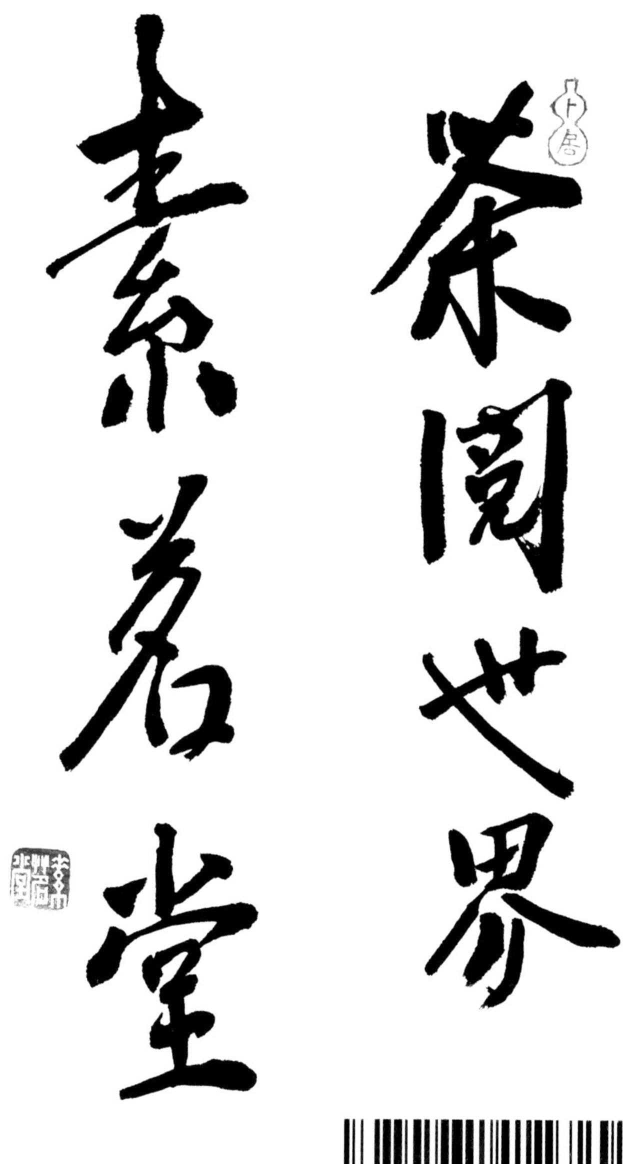
茶閱世界
素茗堂

U0291553

茶室陈设

茶阅世界·素茗堂 编著

江苏凤凰科学技术出版社

序

翻开中国喝茶的历史，虽不见茶席之名，但并不意味着茶席不曾存在。在晋代，茶席已经初具雏形，而真正意义上的茶席出现，则是在陆羽的《茶经》问世前后，其对茶人的影响以及对茶席的规范，把唐人从茶的药用、羹饮时代带入了品茶清饮的新境界。

至宋代，茶席已非常普遍，其背景开始注重竹林、松下、名山、清涧等宜茶的环境。宋代杜耒的《寒夜》诗有曰："寒夜客来茶当酒，竹炉汤沸火初红。寻常一样窗前月，才有梅花便不同。"一钩新月和梅花的疏影横斜，首次映入了茶席的视野。茶席不仅置于自然之中，宋人还把一些艺术品陈设在茶席上，插花、焚香、挂画与茶一起合称为"四艺"。

明代朱元璋废了团茶，唐代的煎茶和宋代的点茶被简洁的煮泡法所取代。明末沈德符的《万历野获编补遗》中说："今人惟取初萌之精，汲泉置鼎，一瀹便啜，

遂开千古茗饮之宗。”与之相应，茶席的构架和器具也发生了翻天覆地地变化。明人以更加开放自由的心态，崇尚清韵、追求意境，使得基本的泡茶方式与品饮茶具逐渐趋于完善和成熟。

明代茶寮的出现，使幽人雅士有了自己品茗的专属空间。文震亨和屠隆在著述中皆提到了自己的茶寮，如《长物志》中“构一斗室，相傍山斋，内设茶具，教一童专主茶役，以供长日清谈，寒宵兀坐，幽人首务，不可少废者”。书声琴韵，茶烟隐隐起于山林竹外，尽现了明人的恬淡隐逸以及品茶方式的至精至美。

这段饮茶和茶席的发展历史，让我们看到，茶席从唐代的华丽奔放、宋元时期的沉静内敛发展到了明代的精致隽永、精益求精，清幽脱俗的文人茶席达到了历史的顶峰。茶席规范、茶具审美、茶室背景选择、茶席挂画、茶席插花、茶席焚香、茶席借景与光影的借入，为我们茶席的布置与设计，提供了至关重要的启迪和借鉴。

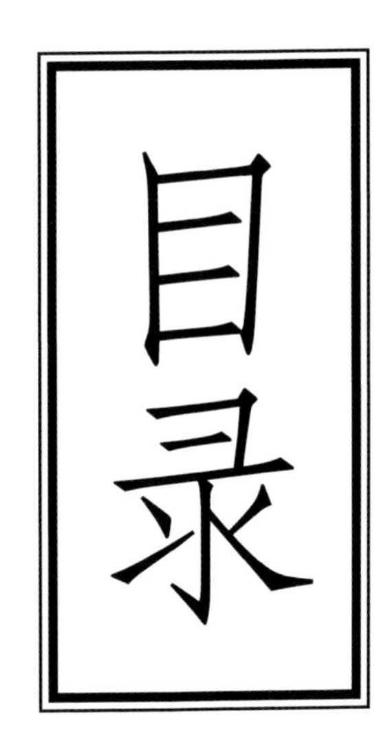
目录

PART 1

茶席布置应遵循的原则

茶席是从酒席、筵席、宴席转化而来的，在宋代曾与插花、焚香、挂画合称为“四艺”。茶席是指方寸之间茶器摆弄所营造出来的一个喝茶、品茗的小空间。《论语乡党》中曾有“君赐食，必正席，先尝之”之说，茶席，引申为座位、席位。随着茶文化的发展所衍生的茶空间艺术，便有了“茶席”的一席之地。

不管是茶空间还是茶席布置，都是利用十方之地营造一种气氛、一种意境，初衷是让客人更好地享用喝茶。从另一方面来说，茶席艺术也是中国茶文化的传承与升华。

一个好的茶席，给人的第一感觉应该是美，能给人带来强烈的视觉享受和精神升华。茶席的布置从空间、色彩、质感、造型和茶品的搭配等方面都很讲究，但无论怎么布置，都需要遵循以下三大原则。

1. 茶与茶器的组合要相得益彰 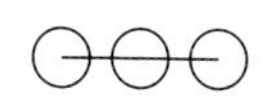

茶席的核心是茶，布置茶席的核心是茶具的组合和摆放。在古代，茶具的组合一般都本着“茶为君、器为臣、火为帅”的原则配置，即一切茶具的组合都是为“茶”服务的。

因此，最先考虑的是冲泡的茶叶，茶叶的选择应当考虑喝茶的人、喝茶人的喜好、喝茶的时间等因素，然后根据所泡茶的性质、喝茶的场地来选择茶器。比如乌龙茶，其叶片粗大，需沸水冲泡，宜以保温性能较好的紫砂壶为核心组合茶具；冲泡高档的绿茶，要求展示茶形美和汤色美，宜选用玻璃杯为核心的组合茶具。

若是为了接待亲朋好友，可选用古朴典雅、美观实用的紫砂壶；若是为了审评茶叶，则不宜用紫砂壶，最好选择盖碗（三才杯）或审评杯，因为紫砂壶会吸附茶香。用老壶泡茶，闻到的香气通常是长期累积下来的混合茶香，并且无法观察冲水后茶叶的变化，而用盖碗则能最直观地审评出茶的优缺点。

小贴士：茶和器具的搭配

◆**绿茶。**应选用透明玻璃杯，无色、无花、无盖，或用白瓷、青瓷、青花瓷无盖杯。

◆**花茶。**青瓷、青花瓷等盖碗、盖杯。

◆**黄茶。**奶白或黄釉瓷及黄橙色壶杯具、盖碗、盖杯。

◆**红茶。**内挂白釉紫砂、白瓷、红釉瓷、暖色瓷的壶杯、盖杯、盖碗或咖啡壶具。

◆**白茶。**白瓷或黄泥炻器壶杯及内壁有色黑瓷。

◆**乌龙茶。**以紫砂壶杯具或白瓷壶杯具、盖碗、盖杯为佳。

2. 光照的强弱需能提升场所格调

这里所说的光照不是指照明，而是利用光的亮度、色调来营造与冲茶适应的气氛，提升整个品茗场所的格调和品位。一般来说，光照需要做到柔和、顺应场所的布置和季节的变化来调整亮度和色彩，让人感到眼睛舒适、心情放松。

局部照明一般是在表演茶艺时用到，通过光照改变品茗场所的空间变化，增强局部区域的气氛表现力。比如，在茶席上方装一盏射灯，表演的时候灯光恰好照着茶席和茶艺师，通过光的聚合形成视觉焦点。在场的客人目光会集中到射灯照射的范围，茶艺师的手势表演和茶汤的色泽凸显等方面都起到很好的视觉效果。

因此，茶席布置中通常采用混合照明，主照明灯、屋顶射灯、壁灯、台灯、隐形灯、展示柜灯等都需要配置独立开关，以满足不同场景的需要。

3. 乐曲的选择需要吻合茶人心境

有了茶、茶席、灯光，那么必定少不了一首能带动灵魂的乐曲。一间没有音乐的茶室，是没有灵气的茶室；一套没有配乐的茶席，是没有神韵的茶席。音乐是生命的律动，不同节奏、不同旋律、不同音量的音乐会对人体产生不同的影响，快节奏、大音量的音乐使人兴奋，慢节奏、小音量的音乐使人放松，柔美的音乐可对人产生镇静、减压、愉悦的效果。

在茶室中，音乐主要应用于两个方面，背景音乐最适合以慢拍、舒缓、轻柔的乐曲为主，其音量的控制非常重要，音量过高，显得喧嚣，令人心烦，容易引起客人反感；音量过低，则起不到营造气氛的作用。把背景音乐的音量调节到若有若无，像是从云中传来的天籁感觉最为美妙。

主题音乐是专用于配合茶艺表演的，可以是乐曲，也可以是歌曲。同一主题音乐还应当注意演奏时所使用的乐器，例如蒙古族茶艺宜选马头琴，维吾尔族茶艺宜选冬不拉、热瓦普，云南茶艺宜选葫芦丝、巴乌，汉族文士茶艺宜选古琴、古筝、箫、琵琶、二胡等。

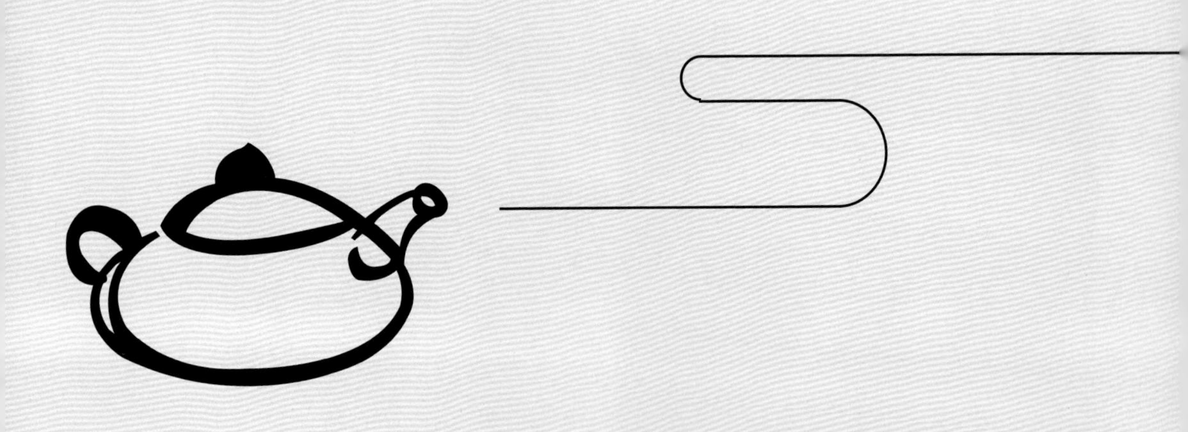

PART 2

茶席布置元素

茶席，从字面上理解是茶人泡茶、饮茶的席面，可以称之为泡茶人布置的茶道道场。但是，茶席更多的是茶人思绪、情感的一种外在表达，茶席上选用的器具都蕴含着茶人的一种精神。茶席对于喝茶人来说，不只是装点茶桌的席布，更是慰藉喝茶人心的小天地。

茶席可以很小，小到仅仅是一个托盘、一块印花布，一人也可成席；茶席也可以很大，以天为席，以山水为画，于自然间成席。

茶席布置一般由茶具组合、席面设计、配饰选择、茶点搭配、空间配饰五大元素组成。其中茶具是不可或缺的主角，其余的辅助元素对整个茶席的主题风格具有渲染、点缀和加强的作用。

1. 茶具组合

茶席布置需要确立一个主题，再陆续选择相应的茶席元素。茶具是整个茶席的焦点，具有启发主题的作用。常见茶具的材质有陶瓷、紫砂、玻璃、金属等，根据其功能的不同，又分为泡茶壶、饮茶杯、贮茶罐、辅助用具等。

常见茶具品类

序号	类别	文化特征	代表图片
1	**陶土茶具**	陶土茶具是指宜兴制作的紫砂陶茶具。宜兴的陶土黏力强而抗烧，用紫砂茶具泡茶，既不夺茶香又无熟汤气，能较长时间保持茶叶的色、香、味。	
2	**瓷器茶具**	瓷器茶具产生于陶器之后，按产品又分为白瓷茶具、青瓷茶具和黑瓷茶具等几个类别。白瓷茶具以色白如玉而得名。其产地甚多，有江西景德镇、湖南醴陵、四川大邑、河北唐山、安徽祁门等，其中以江西景德镇的产品最为著名。 青瓷茶具主要产于浙江、四川等地。浙江龙泉青瓷以造型古朴、釉色翠青如玉著称，被人们誉为“瓷器之花”。 黑瓷茶具产于浙江、四川、福建等地。在宋代斗茶之风盛行时，斗茶者们根据经验，认为黑瓷茶盏用来斗茶最为适宜，因而驰名。	
3	**漆器茶具**	漆器茶具较著名的有北京雕漆茶具，福州脱胎茶具，江西波阳、宜春等地生产的脱胎漆器等，其中福州漆器茶具为最佳。	

续表

序号	类别	文化特征	代表图片
4	玻璃茶具	玻璃茶具以质地透明、光泽夺目、外形可塑性大、品茶和饮酒兼用而受人青睐。	
5	金属茶具	金属茶具是用金、银、铜、锡制作的茶具，古已有之。尤其是用锡做的贮茶茶器，具有很大的优越性。	
6	竹木茶具	在我国的南方，如海南等地有用椰壳制作的壶、碗用来泡茶，既经济实用，又是艺术欣赏品。	
7	搪瓷茶具	由于搪瓷茶具经久耐用、携带方便、实用性强，在20世纪50~60年代我国各地较为流行，后来为其他茶具所替代。	

2. 席面设计

席面设计的色调通常奠定了整个茶席的主基调，常用的有布、丝、绸、缎等，也有竹草编织垫和布艺垫等，还有取于自然的材料，如荷叶铺垫、沙石铺垫、落英铺垫等。若不想加铺垫，直接利用台面的自身肌理也可。

3. 配饰选择

配饰选择（如插花、盆景、香炉、工艺品等）若运用得当，能起到不凡的效果，对主题有画龙点睛的作用。但配饰选用宜简不宜繁，比如插花应简洁、淡雅、小巧、精致；焚香应注意摆放位置，遵循不夺香、不抢风、不挡眼的设计原则。

4. 茶点搭配

茶点搭配根据主题、茶类、茶具的质感来定，搭配原则一般是“红茶配酸、绿茶配甜、乌龙茶配瓜子”。茶点可摆放于茶席的前中位或前边位置，注意分量得少、体积得小、制作精细、样式清雅即可。

5. 空间配饰

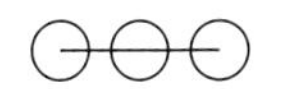

空间配饰是指席面布置元素之外的装饰。目前常用到的有大型盆栽、装饰画、传统字画挂轴、屏风、工艺美术品（如竹匾、民族乐器、博古架、剪纸）等，这些都能为茶席的空间营造出一分别致的韵味和闲趣。

PART 3

人靠衣装
茶靠器装

茶器，是指与喝茶有关的器皿，如茶杯、茶壶、水壶等。陆羽的《茶经》把采茶、加工茶称为茶具，泡茶、饮茶称为茶器，宋代将两者合二为一。

茶器的基本功能是容纳，茶汤即水，流体无形，无器不盛；茶器的美学功能是观赏，器之精美巧夺天工，其形可抚、其色可赏、其声可闻，爱不释手；茶器的专业功能是助茶，器能益茶，亦能损茶。茶器是否益茶，主要取决于3个要素——器形、材料、烧制温度。

1. 器形

敞口茶杯，其香易散、降温快，适用于普洱茶、红茶；高香型茶叶，一般选用杯口收一点的杯子，有益聚香。另外，器壁的厚度对保温性有直接影响，有些茶需要降温快，有些茶要求保温好，要视茶而定。

2. 材料

茶器的制作材料很多，有金属器、瓷器、陶器、玻璃器、木漆器等，但通常采用陶瓷器。瓷器的釉面材料对茶的影响很大，选择时不能单以釉色美雅为准则，有些釉益茶，有些釉损茶，需要通过比较来取舍。

3. 烧制温度

烧制温度高的器皿，表面致密性强，吸附性也较小，对茶香、茶味的改变也较小。

水为茶之母，器为茶之父，作为孕育、盛载茶的器具，是我们鉴赏和品饮茶汤的媒介。“器具精洁，茶愈为之生色”，因此茶器的选择与安置对茶起着不可忽视的作用。随着现代社会的发展和饮茶习俗的变化，茶具的种类、形态和内涵都有了新的发展，带给大家的不仅有美味的茶汤，还有愉悦心神的效果。

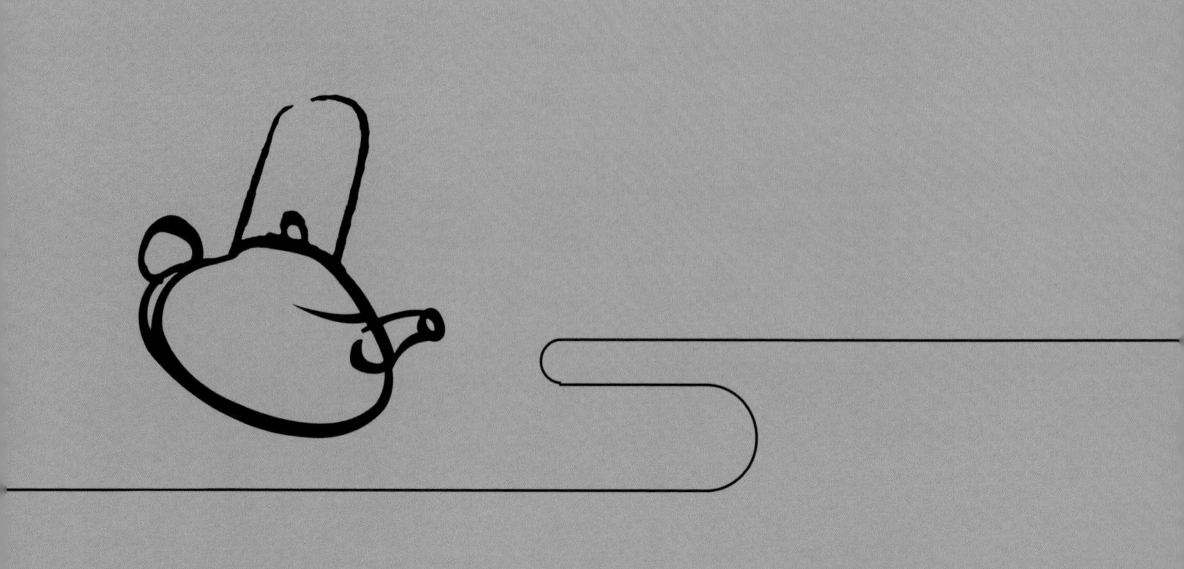

PART 4

如何打造温馨舒适的茶室

茶室，对大部分人来说，是以茶会友的地方，是爱茶人的乐园，正慢慢融入我们的家庭生活。会客、闲聊、看书、听音乐、冥思等都可以在茶室中进行。家居中选择合适的一角作为茶室，用屏风、博古架或书架间隔出一方天地，让我们品茶的同时舒缓心境，茶室与茶韵，相得益彰。

如果主人喜欢读书，喜欢安静地喝茶，将书房作为茶室更加合适。全神贯注地遨游于书中世界，间或奋笔疾书，疲倦之时泡上一杯香茗，仔细品啜其中的韵味,心神合一,宁心静神。如果选择阳台作为茶室，容易受天气影响，可以用玻璃间隔出一方空间，便于遮风挡雨。如果家庭空间允许，还可以专门将某一房间打造成茶室，不仅能将主人的独特品位融入其中，在设计上也能更加灵活。

在家居或办公室里布置茶席，秉持“越简单越好”的原则就可以了。不过，泡茶必备的茶器还是需要准备

齐全。这些茶器主要是泡茶需要用到的茶具，包括水壶、茶壶、茶杯、杯托、茶罐、茶巾等。

除了准备泡茶用到的茶器外，还需要准备的是桌布、桌旗和花瓶。千万别小看这三件物品，它们可是整个茶席的“颜值担当”，选对了会让茶席看起来非常“高大上”，选错了则让你的茶室品位降低，不过这需要看个人的眼光和搭配的技巧。

摆放的顺序也是很重要的，通常是以客人的角度来布置。先把素色的桌布先铺在茶桌上，然后再把茶旗铺在桌布上，茶旗的摆放要离泡茶者的距离近一些，但要留出一些空隙，这个空隙是要用来摆放茶巾的。花瓶可以随意摆放，只要看起来和谐有美感就可以了。

茶器一般是放在茶旗上的，客人右边摆放的是水盂，公道杯、壶承摆在中间，茶壶放在壶承上（壶承是用来装漏出来的水）；客人左边是摆放

茶叶罐和水壶的，靠近客人的一面可依次横向排列茶杯和茶托，而茶荷也可以放在离客人较近的那一边，方便客人赏茶。

茶席的布置可依据不同季节选择合适的茶叶，与远道而来的茶人分享或是独饮；可以根据个人想象力以及审美，设计出极具个人特色的意境，是个人风格和品位的体现。

另外，茶室设计的主体色彩也会直接影响到人的情绪波动和心理变化，所以整体风格应慎重考虑，应根据风格的不同来定性茶室的色调，切记不可过于沉闷。

家庭茶室风格

分类	文化特征	代表图片
中式茶室	风格清雅古朴，充满浓郁的东方色彩，主要营造舒适、安逸的氛围。茶室布置可选用红木或仿清明桌椅配以素雅的书法条幅、山水国画等，彰显中式古典茶室的和谐大气。	
日式茶室	以色彩淡雅、简单明了的设计为主，搭配实木地板或榻榻米，外加一套精致小巧的日式茶具，或挂一画，或插一花，一个简约日式风格的茶室就能轻松呈现。	
田园茶室	朴实自然的风格特色，宜采用原木色或者仿红砖墙的墙纸，摆放天然原木桌、几个木头墩子，搭配粗瓷茶壶、茶碗，挂上一些粮食、植物装饰品，清爽的田园风扑面而来。	
英式茶室	据传始于 19 世纪维多利亚时期的英式下午茶，红茶配点心，用来消磨悠长的下午，不同于清茶的另一番滋味。整体风格有英式古典和英式乡村两种选择，古典式严肃拘谨，乡村式放松休闲。	

PART 5

春季茶席

春日宴饮

茶类——绿茶
茶器——白瓷
茶花——大字杜鹃

春日宴，绿酒一杯歌一遍。

一张长形条桌，只需铺就简单的水绿色餐布，用上好的白瓷做基础茶具，就可以营造素净、淡然的春日和乐之美。餐布选用了柔软的纯棉质地，中间铺陈着白底紫花的桌旗，清风拂过，乍暖还寒之时，别有一番惬意。

桌角那一瓶淡紫色的大字杜鹃，美感集中在枝干的质感上，与桌旗的花色形成呼应。它自由伸展，绽放着由冬入春的奔放与自由。

桌上的糕点也选得非常精致，一杯清茶相佐，口感清甜恬淡，看上去美得干净利落。

花园宴席

茶类——绿茶

茶器——白瓷

茶花——银莲花

淡粉色的餐布搭配初春的冷冽气质，变成了暖冬末端万物复苏的阵阵暖意，春寒料峭的意味就消弭不见了。桌旗上绘着四季时花的样式，像是中式传统文图对应的手卷，放置在长条会客桌上，古朴雅致的气息扑面而来。

桌花是一盆美丽的银莲花，那热情奔放的红色随着微风洋溢出来。在自己花园里宴客，就如同这初春娇艳的花朵一样活泼热情。

返璞归真

茶类——发酵茶

茶器——现代青瓷

茶花——南天竹

家里如果有张中性的桌布，可以试试青瓷与水绿色的桌旗搭配。中间选用长花器摆设作为装饰品，上面插着枝叶舒展的南天竹，果实饱满鲜艳，形态优美清雅，作为插花盆景简直再合适不过了。

宴客的时候，这种长条形的桌子与长形的花器搭配，显得大气端庄，氛围雅致宜人。长条形的花器也非常适合同色系的仿古茶具，搭配线条舒展的茶花，更是野趣横生。粗陶制的茶器芒口，器形简约厚重，提梁造型与螺旋纹样都极尽所能地回归原始模样。在春日的茶席上，尽显自然天成的原始气息。

粗陶茶盘的选择，遵循了“宽、平、浅、白”的四字原则，既可以安放平稳，又可以衬托出茶杯、茶壶的美感。

内敛的茶室

茶类——绿茶

茶器——白瓷

茶花——水仙花

古朴的韩式家居讲究层次感，常使用屏风或木隔断作为分隔空间的界线。空间装饰时，多采用简洁、硬朗的直线条，反映出他们追求简单生活的居住要求。

客厅中的茶席选用了与棕色装饰线条同样明度的墨绿色桌布。衬着深色家具与米白色墙面，更显得质朴与内敛。品一口杯中绿茶，色泽淡雅，茶色通透，正适合几位安静的友人相聚。

岁月静好

茶类——普洱茶

茶器——无釉、天目釉

茶花——梅花

静室里的一盏立式落地灯，照得玫红色壁纸的墙面暖洋洋的，即使在“倒春寒”的日子里，这种暖融融的氛围也是很容易吸引闺中密友前来相聚饮茶的。角落里伸展枝丫的梅花是这个季节最美的瓶花，随手插上两枝，便自成一派，免却了很多插瓶的心思。

主人家坐在灯下，用素胚的陶瓷器做茶具，斟茶给各位前来品茗的朋友。桌上是淡绿色的桌旗，小葱一般的颜色铺就在眼前，增添了一些灵气。

桌前的四只小碗，是天目釉的瓷器。天目釉色泽明亮多变，呈放射状、点状、或油滴状，挂在黑瓷的釉面上，像是漫天繁星，一闪闪地在夜空中闪耀。其胎体厚实、坚致，在木质茶碟的衬托下，质感不同的它们多了碰撞之美。

阅读时的一杯茶

茶类——普洱茶

茶器——天目釉

茶花——麻叶绣线菊

静室的一角是木质茶桌，桌下有两个乳白色的软垫，一旁是木质烛台、木质搁板。整间茶室朴素静谧，桌上有两盏茶，依旧是古旧的颜色，麻薯一类的三盘甜点置于其上。桌下有同色系的茶海，寥寥数件茶器，似是二人对饮的听音阅读之所。

远处墙上的搁板上插有瓶花，另一侧则是在木板上画着的瓶花静物，浅白色点缀着，冷光里倾听彼此的声音。

茶桌的一侧随意搁置了几本简单的书，主人家闲时品茗阅读，天高云淡，静听书中耳语。

茶具仍然是天目釉的，这次是油滴，颇有几分“铜质”油滴的乐趣。器形稳重美观，看上去特别赏心悦目。墙壁上插的瓶花是麻叶绣线菊。其枝条舒展着从圆肚细口瓶中伸展出来，似是自墙壁中自然长出，让观者看上去其乐无穷。

正月茶席

茶类——抹茶

茶器——粉青、伊罗保釉、天目釉、白瓷

茶花——松树

背屏是月下梅花图，君子的气节在此茶室中就显而易见了。一张巨大的茶席于室中居中摆放，正黄色的云纹桌旗横亘其中，瓶花是松枝。梅花与松枝都出现了，主人家的品格亦如“岁寒三友”一般坚贞与高洁。当然，这在初春的时节里，是极易获取的。

茶具是粉青瓷与日式伊罗保茶碗，还有几只天目釉。这种黄色的伊罗保茶碗，是高丽茶碗后期最为特殊的一种样式。它们的出现，充分表现了自然中沙子的质感，有其他茶碗所不具备的、独有的自然风格。

整个茶室中，有梅花背屏、松枝茶花，还有伊罗保茶碗的出现，将自然的习性与主人家的品位高度融合在一起，想必这样的茶席，招待的一定是贵宾了。

韩国传统茶席

茶类——抹茶

茶器——粉青

茶花——洋丁香

这是一间传统风格的茶室，宽敞通透，有一侧直通室外，正是春日正浓好风景。

室内背屏配有寒齐先生李穆的《茶赋》六条屏，屏前放置八边形茶桌，可以简单招待两三人。茶具仍旧使用粉青瓷和伊罗保茶具，中间摆放简单的坚果盘，以佐杯中的抹茶。

岁月的沉淀

茶类——发酵茶

茶器——粉青

茶花——假金丝马尾

灰白色墙纸上勾勒着金线花纹，隽雅的茶室里，茶席上铺陈着深蓝色的餐布，用水绿色的餐垫做茶位的装饰，室内的色调就明快了几分。木纹的托盘里装有几只粉青的茶具，壶中煮着老茶，像是岁月里千年沉淀的味道。

墙体上镶嵌着一个巨大的收纳柜，每间小格子里都藏着一盏茶具，主人是位爱好品茗之人，也善于收藏，留下那些岁月的痕迹装点自己的爱好。

远处墙角边的茶花是一株假金丝马尾，其叶片宽大，叶尾微卷，叶形自然下垂。用它们来做这老茶的陪衬者，再合适不过。

茶之本色

茶类——绿茶

茶器——绿辰砂

茶花——野生花

静室之中，蓝色的餐布或桌旗让人产生一丝内心的波动。虽然蓝色是这样安静的颜色，但身处更为安静的静室之中，则显有几分活泼。

搭配茶席的花是一些春日里路边的紫色野花，当春日过渡到夏日里，那些小野花都跟着绽放，随手采摘一把，便是茶席中最美的装饰。

绿色辰砂小茶碗也是春日宴客的小物，感觉粗粝的茶碗实则打磨得光滑明亮、清润干净，看着都觉得赏心悦目。将它用来盛放通透的绿茶，是极为合适的，像是白瓷一般，尽显茶之本色。

田园风情

茶类——抹茶

茶器——伊罗保釉、白瓷

茶花——连翘

水绿色的布幔将墙边的一组茶桌包裹起来，既是装饰，也是桌旗。连翘在墙壁的挂瓶里野蛮生长，墙角的藤蔓植物攀爬在桌沿，绿意渐生。

墙壁上壁纸的暗纹带有很浓的田园风情，很朴素，也很温暖。在墙边的条桌上安放茶盘，这样的条形茶桌，可以招待许多友人。

在亭子里饮茶

茶类——绿茶

茶器——青花白瓷

茶花——茱萸

终于又可将茶席搬到庭院了，感受这万物复苏时“春风吹又生”的奇迹。

庭院里的树木早已枯萎，但它们正在苏醒，你瞧，原本偏黄的草地上已经开始发出新芽，有了绿意。

就在这里，在凉亭的地板上铺上藏蓝色的餐布，搭出一个大致的茶席模样，然后将早已选好的餐垫放置其上，再拿出选了很久的青花白瓷茶器，简单的茶席就置办成功了。在一旁插上几枝茱萸，虽是萧疏几朵，但已经美得足够了。

儿童茶席

茶类——绿茶

茶器——白瓷

茶花——卵叶天冬草

墙壁上挂着一幅主人家收藏的书法作品，下方的博物架上放着各式各样的茶叶罐。地上置有一座根雕，三分人工，七分天成，妙不可言。根雕内空心处点着一盏小烛台，周围的空气都随着烛火的跳跃而律动。

主人是位具有艺术品位的雅人，就连布置茶席也独具匠心。一张偌大的粉嫩垫子上，左右各放置一块圆形的亚麻餐垫，然后用新绿的发芽枝蔓为之妆点。这样看上去，这张粉嫩的茶席竟是稍显稚嫩。你猜对了，这样大的茶席恰好适合几个孩子爬来爬去，你完全可以在有乐趣的饮茶过程里，教孩子们爱上茶文化。

餞寒初北鶩賓暑
忽南馳酒鎮苍生
眼詩班雪滿鬚難
尋憐勝境易失惜
良時驛馬澄溪畔
金鞭約柳絲
金克己先生詩生陽驛
丁酉菊秋 松坡居士

石墙下的情趣

茶类——抹茶

茶器——粉青

茶花——水仙花

庭院里有风，初春还不足以方便人们长时间呆在户外，所以在矮墙下，主人家搭建了极为简单的茶席，一块木板与户外的矮墙相依为命，处处流露着田园风情。矮墙一侧种植有桃花，几片花瓣掉落，沾染在木桌上也都是芬芳。

木桌上是粉青的无釉茶碗，浓郁的抹茶清香慢慢溢上，盖过了花的芬芳。水仙花作为茶花放置在茶器旁边，带来春日中其他植物的风情。

花园的坛子席

茶类——抹茶

茶器——粉青

茶花——大花万代兰

初春的庭院是接待友人的绝佳去处。矮墙旁几株探头探脑的梅树，将庭院的氛围渲染得极有味道。主人家品格的高洁、宴客的性情，似乎都若隐若现了。矮墙是用石子堆砌的，配合着园中的青石与灌木，相得益彰，使整个庭院颇具田园风情。

茶席上铺陈着褐色的餐垫和淡蓝色的桌布，在自然元素十足的田园禅境中，又淡淡地洋溢着一丝明亮。粉青瓷茶碗里是抹茶，抹茶起源于我国隋唐时期，将春天茶叶的嫩叶采摘下来，用蒸汽杀青做成团茶后保存下来。等到要用的时候，就把团茶拿出来细细地磨成粉末，饮用时冲泡茶粉，然后一起喝下。吃茶的风俗是一直很流行的，尤其是宋人斗茶的风俗曾经盛极一时。

原木茶席

茶类——绿茶
茶器——粉青
茶花——梅花

原木的茶席营造出一种古香古色的原生气息，色泽淡雅，席地而坐的时候，温润的木头会给初春带来些许暖意，用青绿色的麻布做餐垫，铺陈一张裱好的花鸟画作，众人在饮茶时分，也可以品画论诗，谈古说今。

主人颇有情趣，选用的粉青瓷应是手作，杯底有花瓣样式，杯身也有手工捏作的痕迹。茶具朴素大方，正好搭配古朴的原木风情。

茶花选用了梅花，这也是一组凸显主人品性的茶桌。

坛子风情

茶类——发酵茶（黄茶）

茶器——无釉

茶花——亚洲络石

这组茶席别具一格，主人家选用了亚洲络石作为茶花进行扦插，枝条纤长，自由舒展。坐在坛子椅上，衬得茶室满是华芳。

圆桌上铺陈着金色流云暗纹桌布，吸引着品茶人的目光来到桌前。静室里暗云流动，平白增添了几分流光溢彩，与远处的亚洲络石相呼应，平凡无奇中流露出简约的贵气。

茶器就是简单的无釉陶器，古朴有趣，也很好看。

雅致茶室

茶类——青茶

茶器——绿辰砂

茶花——大字杜鹃

这是一组极为雅致的茶席，茶桌选用了厚重的原木，桌上搭着一张草绿色的桌旗，莲花形的辰砂茶器伫立在一旁。这种撇口花瓣型小杯子让人颇觉有趣，与一旁的茶花竞遥相呼应，互说着，春天来了，你好。

在春光的照耀下，淡绿色的窗帘为整间屋子撒上了一层雾蒙蒙的绿光，让人感受到春意与希望。

茶花是大字杜鹃，一种很美的落叶灌木，伞形花序在枝头茂盛生长，常常是有花几朵。这种花艳丽非常，也被很多人用来制作园艺。

希望之光

茶类——青茶

茶器——现代陶瓷器

茶花——连翘

黄色和绿色是充满希望的颜色，二者也是邻近色。春天用这样的颜色装点茶室，就多了一分回春时的烂漫活泼、清新自然。窗前是淡黄色的竹子窗帘，慢慢卷起来，就看到远处的巍峨高山或是缱绻溪流。窗棱上垂下的麻绸质感围布透明度极高，远远看去犹如仙苑轻幔，让喝茶的人也愉悦抒怀。

设计师很懂得搭配，茶具用了蓝白色的釉瓷及现代陶瓷器，这与黄绿色色相相近，也是一种视觉享受。茶花选用的是连翘，这种花开在早春，正是这个时节最艳丽的色彩。在早春这个乍暖还寒的日子里，连翘就是那抹冷香，闻之令人心旷神怡，观赏价值极高。

손대지 마세

朴实无华

茶类——普洱茶

茶器——无釉

茶花——连翘、康乃馨

说起连翘，它真的是性感妖娆而又自然清新，怎么搭配都不输气质，比如现在介绍的这一组作品。

连翘依旧是茶花，但在此却成就了朴素的自然主义。茶席整体是灰暗的赭石颜色，与原木家具及地毯搭配，显得层次感较强。

无釉茶器更是增添了朴实无华的风格情趣，普洱茶浓香的清甜溢满茶室，用无釉的茶器来品尝，不会遮盖普洱茶一丝一毫的醇香质感。

PART 6
夏季茶席

游园茶席

茶类——普洱茶

茶器——青花白瓷

茶花——麟托菊

这是一组游园茶席，运用了简单的竹席作为茶桌。其下垫着白色的镂空纱巾，为竹质茶桌增添一些浪漫气息，简洁却不失雅致。

在一众灌木之中，最显眼的就是那一篮子的麟托菊。这种菊与千年菊是近亲，花色以桃红、淡红、白色为主。这种美艳的花，特别适合出现在灌木丛间寻找色彩冲突的新鲜感。若使用干花，想必也有不错的点缀效果。

动感活力茶席

茶类——冷绿茶

茶器——玻璃

茶花——兜兰

这是一组现代气息十足的茶席，茶器选用玻璃器皿，用银制托架托起，彩色玻璃带来许多欢快气息，也让整个茶席都变得活泼起来。

桌面上还有几只巨型的彩色香薰蜡烛，点燃起来便有满室芬芳。旁边插着一只紫毛兜兰，两三朵妖艳的大花正艳丽开放，处处散发出夏季的味道与温度。

茶水在敞口醒酒器里，茶汤的颜色真是好看异常，丝毫不逊色于装在醒酒器中的红酒。

中正茶席

茶类——抹茶

茶器——粉青

茶花——冠状银莲花、李叶绣线菊

主人位的背后是一座条屏，上面用软笔书法书写着韩国第一部茶书《东茶颂》，这样的室内装饰，渗透出中正大气的视觉享受，也带给客人内心以平和。

左手边的茶花在这种中正的茶席上是格外引人注目的，选用冠状银莲花和李叶绣线菊作为茶花，扦插在室内的盆景里。前者花大色艳、形状丰富，后者枝蔓柔软、纤长蜿蜒，二者主次相依，相得益彰，为这满屋子的中正气息带来丝缕跳跃感。

茶器选用了白色的粉青瓷，粗粝的质感是饮用抹茶时的上上之选。每个白色的粉青茶器下都垫有一张木质的茶垫，主人家的心细如发可见一斑。

庆祝茶席

茶类——冷绿茶

茶器——玻璃

茶花——李叶绣线菊、竹子

说起妙处十足的李叶绣线菊，就不能不提到它攀爬的枝蔓，以及星星点点的小白花。在这张茶席里，李叶绣线菊和竹子盆栽成为了被关注的焦点。

水蓝色的餐布上是玻璃质感的茶器，高大的敞口瓶里是清透的绿茶，与盛放着烛台的几只绿色高脚杯形成呼应，这样的玻璃茶器最适合饮用冷泡茶。

整体看上去，茶席的颜色较为多变、活泼，层次丰满。

家庭茶席

茶类——乌龙茶

茶器——白瓷

茶花——山茶花

这是一组家庭茶席，装饰和用具都颇显生活化，比如立在一边的饮水机，比如一套简单的白瓷茶具。

主人家选择较好上口的乌龙茶，这在日常生活里是很常见的。乌龙茶是由宋代贡茶龙团、凤饼演变而来，创制于清代雍正年间，入口齿颊留香、回味甘鲜，很多家庭选择它作为日常必备饮品。

名茶与茶具往往是不可分割，珠联璧合。品乌龙茶有很多讲究，要备齐“茶房四宝”，就是指陶瓷风炉、开水壶、孟臣罐以及四只白色小茶杯。现代社会中，“茶房四宝”已越来越被简化，但这组茶席里，还是可见其形的。

夫妻茶席

茶类——绿茶

茶器——白瓷

茶花——常春藤

木质结构的屋子里，开着一扇很大的窗子，远远看去，远山层峦，云卷云舒，尽收眼底。窗台上有一对单耳茶壶，面对面端坐着，暗示这儿是主人家的私密区域。充满现代意趣十足的茶桌，就搁置在榻榻米上。

茶桌上简单地铺陈着深蓝色的桌旗，以此为界，夫妻二人对坐茶桌两边，饮茶赏景，茶席也就充满了午后静谧的闲适乐趣。

在那对单耳茶壶中间，是一盆嫩绿的常春藤，增添活力的同时，也寓意夫妻关系和乐常青。

竹席茶桌

茶类——抹茶

茶器——粉青

茶花——芍药

这张简洁的茶席旁，有一个巨大的盛放抹茶汤的器皿，它的出现，博取了所有人的关注。粉青瓷温润如玉，与室内的原木材料混为一体。旁边是一只细口瓶，插着两枝开得正艳的芍药。

英式茶席

茶类——红茶

茶器——欧洲红茶盏

茶席左右各有一个三层托盘，装满了各式甜品，用来为桌上的英式红茶佐餐之用。该茶席着重突出了茶饼的装饰性作用，茶器上却没有非常繁复的花纹装饰，只有银色的釉料绘制在白瓷器皿上，显得雅致高贵。

正式一点的英式下午茶需要具备三个特点，首先是优雅舒适的环境，其次是高档雅致的茶器，最后当然就是甜润可口的茶点了。在这里，成套的英式茶具以选用瓷质杯碟或者银质茶具为最佳，茶具、茶匙、点心架、水果盘等样样俱全。桌子上的那两排曲线形烛台在营造氛围方面显得格外重要，像是阳光，让人沉迷。

席地而坐

茶类——抹茶

茶器——绿辰砂

茶花——大麦、旱柳、百合

席地而坐的茶席，每个人的面前都有清晰标记的茶位。茶位上明黄色的餐垫，令抹茶的颜色更加通透鲜亮。

辰砂质地的茶器与抹茶更为相配，一则色泽相近，二则抹茶的细细粉末可以挂蹭在辰砂茶器上，有种唇齿相依的美感。

茶席中间有很大一盆已经冲泡好的抹茶，客人可以用勺子舀来吃，不需要自己打茶，轻便简洁，宾主尽欢。手边佐茶的小食可用来打散口中浓郁的清香。

窗沿下是一盆开得正艳的茶花，花材选用的是大麦和百合的搭配，前者朴素清雅，颇有质感，后者艳丽异常，满室芬芳。

精致茶事

茶类——红茶

茶器——欧洲红茶盏

茶花——芍药

茶室里似是可以隔绝外面的暑热，辟方角落就可以纳凉，唯有的一扇窗子也不愿打开，这样就可以彻底享受安静、清爽的室内茶事了。

主家选用的是上好的欧洲红茶盏，盛满浓郁鲜香的红茶，静静地等着友人们的来临。俗话有说，这样炎热的天气，冒着酷暑前来见你的，必定都是真朋友，又怎能不用好茶热情相待。

茶花选用了芍药，大朵的芍药花被誉为“五月皇后”，天生的贵气。将两支芍药插在与茶器成套的花器里，眼睛不自主地就被吸引着看过去。欧洲红茶盏搭配上好的红茶，再佐以雍容华贵的芍药花，这茶室里的精致贵气，就自然而然地溢了出来。

鱼戏莲中

茶类——红茶

茶器——青花白瓷

茶花——野生叶

现代瓷器造型多种多样，比如图中的茶具，口沿部都做了花瓣形塑造处理。选用这样的茶具应用在夏日茶席里，让人在炙热的暑气里感受到几分清凉，令人身心愉悦。白瓷器具上都带有青花的釉料，绘制了一朵青莲，配合着背屏上的鲤鱼，营造出一动一静的视觉效果。正所谓，鱼戏莲叶间，鱼戏莲叶里。

茶花不过是庭院中的几片叶子，绿油油的，伴随着红茶的清甜，夏日里的草木清香之气就在这儿产生。

静如处子，动如脱兔

茶类——抹茶

茶器——白瓷、辰砂、粉青

茶花——水仙花、袖珍椰子

灰蓝色的餐布让室内安静下来，桌面上的插花清新淡雅，在粉青、辰砂等瓷器的包围下，奋力地生长着。高处的壁橱上简单地摆放着几只茶具，上方的漏窗看似如同一幅现代装饰画，可以遥望远方的风景。

粉青瓷上跳跃着的兔子，以蓝色的线条简单勾勒，与旁边绿色的叶片相衬，夏天里的活泼样子就这样被演绎出来，简直活了。

淡雅之美

茶类——青茶

茶器——粉青

茶花——南天竺

粉青茶具有着朴素的特性，在水蓝色的餐布衬托下，显得古朴自然，不失厚重感。

南天竺这种少分枝的常绿小灌木又派上用场了，捡两支稍显瘦弱的枝叶，随意插在白色的瓷瓶中，流线型的线条就自然地伸展开去，为整间茶室营造出淡雅之美。

小朋友茶席

茶类——绿茶

茶器——辰砂、白瓷、粉青

给小朋友们准备的茶席是越简单、越好玩越好。小朋友们生性好动，他们的茶席上只要有可以品的香茗、可以吃的甜品，就足以憾动他们的好奇心了。

茶器选用辰砂、白瓷以及粉青瓷，每一个茶位上都放置了一把小壶和一只茶碗，大人就可以尽情地教小朋友们熟悉这些器具和性能。有了香茗和甜品，喝茶的小朋友们也会更加专注地从中感受茶艺文化的博大精深。

缤纷茶事

茶类——冰茶

茶器——玻璃

茶花——尖萼耧斗菜

这是一张多么欢快的茶席！彩色玻璃茶器与桌面上的餐巾颜色互补，洋溢着轻松的氛围。正红色祥云图案的桌旗横亘中央，茶席正中摆放着各式小点，看起来香糯可口，这里更像是家人促膝谈心的好去处。

四盏莲花烛台装饰着祥和的茶席，显得格外温馨。茶花竟是尖萼耧斗菜，仅取一支，置放在茶席一侧。其柔软稚嫩的样子，特别适合观赏。

夏日畅想

茶类——代用茶

茶器——玻璃

茶花——绿叶

藏蓝色和玻璃器皿，在夏天是最受人欢迎的。前者令人沉静在深沉的忧郁里，缓缓地静下聒噪的内心；后者清凉的质地无论是饮茶还是驱赶暑热，都是最好的茶器。它们会带来丝丝凉意，盛夏也要慢慢过去。

茶饼是法式马卡龙，表面光滑，颜色也多变，是夏日里佐茶的最美茶点。不用担心会一不小心吃多，茶席上的红茶就是消食祛暑热的最佳饮品。

包裹着茶饼的是花形的餐布，也更加衬托出茶饼的俏丽娇小、甜润可口。日子里，总是有一些让人回想起来就开心的赏心乐事，大概马卡龙伴着红茶的下午茶，会是你的甜蜜夏日畅想吧。

庭院深深

茶类——青茶

茶器——天目釉

茶花——虎颜花、矢车菊

茶桌和座椅是那种常见的棕色户外藤质家具，要布置这样一组茶席，设计上必须花点心思。于是茶具选用了同色系的天目釉，茶垫努力在材质方面寻求统一，但在色彩明度上产生变化。为了打破沉闷的格调，配上了红色或白色的茶巾。

茶花选用了虎颜花和矢车菊，虎颜花属野牡丹科，是一种高档的室内观赏植物，而矢车菊也是由野生花卉培育而来，与野趣横生的庭院环境搭配相得益彰。在这样一个夏天的午后，泡上一壶青茶，对饮小啜，该是何等惬意的生活。

餐桌茶席

茶类——红茶

茶具——白瓷

茶花——百日菊、香荚蒾

在餐桌上喝茶是很多人都有的一些习惯，可以餐前，也可以餐后。一家人聚集在一起，聊聊天，叙叙旧，都是不错的选择。

茶花是随季采摘的，不求热烈，只要能和淡雅的环境映衬就行。

静室一偶

茶类——武夷岩茶

茶具——白瓷

茶花——圆形树叶、树枝

茶室的布置其实可以非常随意，静室一偶，一张茶几，两张沙发，可躺可坐。将树叶作为茶托，或作为茶花点缀于茶室之中，顿觉生机盎然。

白瓷茶器的选择正好与靠枕色彩形成呼应，在夏天这样的季节里，这是能带来清凉之感的一席之地。

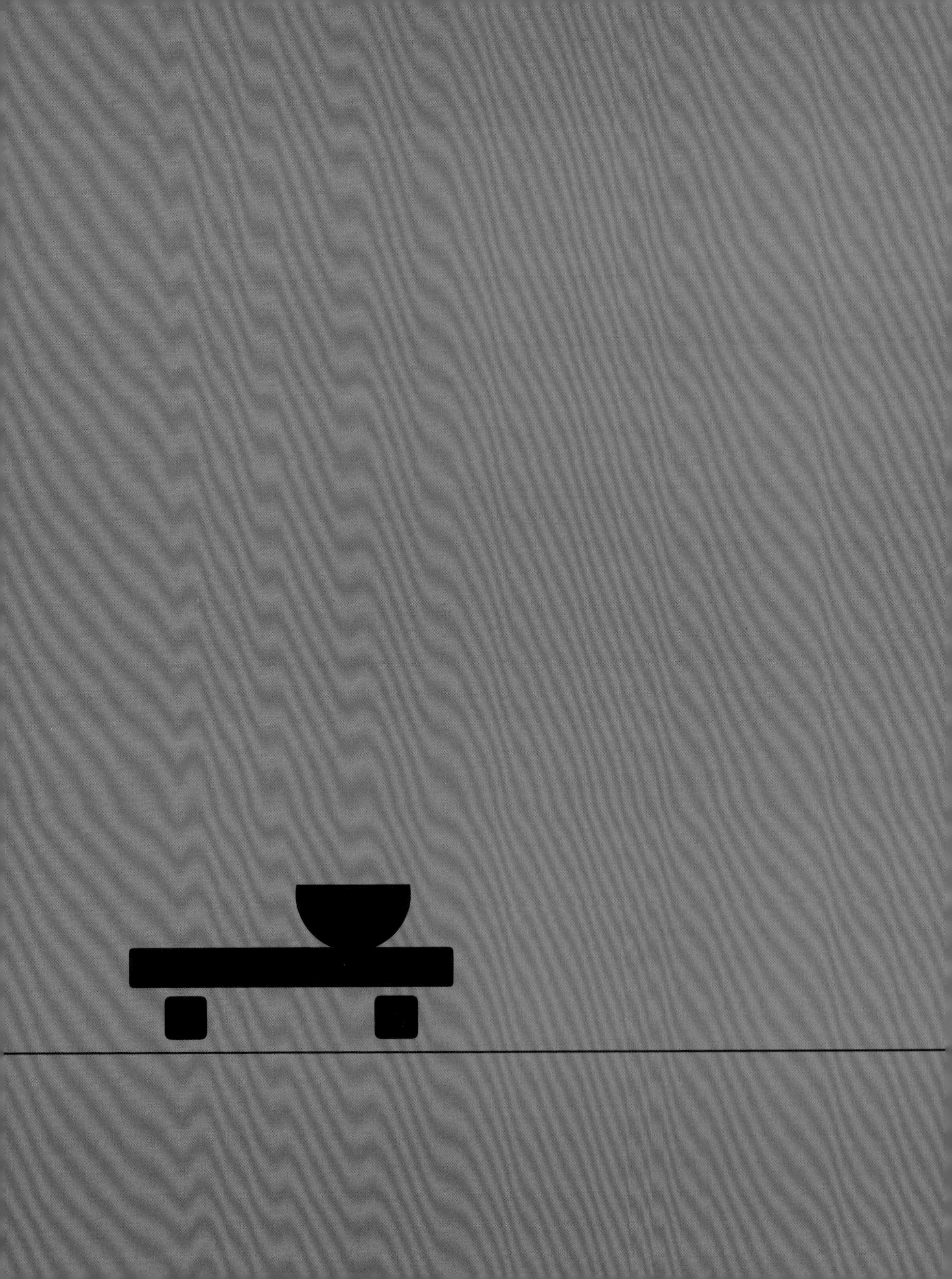

PART 7

秋季茶席

时光里的故事

茶类——普洱茶

茶器——无釉

茶花——六出花

在高低木质壁橱的旁边，有一张矮几，用灰色和褐色的餐布搭配铺设，简洁而雅致。茶桌上最引人注目的是茶花，花材选用了六出花，其花语是喜悦与期待相逢，也有人说它象征着友谊。

在秋日里，这样的茶席给人分外的温暖与舒心，约会三五好友一起品茶赏花，讲述沉淀在时光里的故事。

优雅与可人共存

茶类——发酵茶

茶器——天目釉

茶花——细叶萼距花

深蓝色的茶桌让人感觉高贵典雅，桌面的曲线形长花器也显示出主人家优雅的气质。选择细叶萼距花作为茶花，这种被毛的多分枝小灌木正是秋天的宠儿。因其美丽多变的外形，也成为常见的室内观赏植物。

主人家为这可爱的小花搭配了高贵的天目釉瓷器，优雅与可人共存，可见茶席的主人也是一个趣味性极强的人。

秋日温润

茶类——普洱茶

茶器——白瓷

茶花——蔷薇、风蜡花、皋月杜鹃

长条形的茶桌适宜两三人的对饮，铺上赭石色的绒布，秋日里也是暖洋洋的。在绒布之上再铺盖一张橙黄色的桌旗，略显压抑的氛围就被这一抹橙黄惹得亮堂起来。

用木质托盘托着的白瓷茶杯略显古香古色，托盘的木质纹路同桌布一个色系，柔和地搭配在一起。静室一隅里，这样的茶桌也能绽放出沉静而淡然的光芒。

茶花选用的是皋月杜鹃、蔷薇与风蜡花的搭配，有的枝条攀援，有的花盛叶茂，稀疏有致地让整个茶桌浸润在秋日的气氛中。

秋天的味道

茶类——发酵茶

茶器——筱釉

茶花——枫叶、野花

秋日里最有标志性的植物当属火红色的枫叶了，选择一个敞口的盘子，将枫叶与其他绿植一起盛放，满室溢出的都是秋天的味道。

茶桌上铺着方形的暗纹金色绸缎，应该是主人家精挑细选搭配茶花的餐布。粉青茶杯里刷着一层金色的釉，一杯暖茶也非常华美。在这样的秋日里，约会志趣相投的好友吧，品茶，作对。

糕点用枫叶做点缀，华贵精致的生活里渗出点点田园气息。

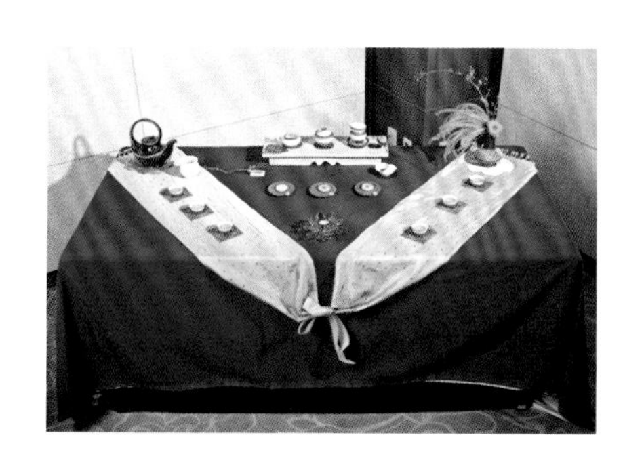

可爱茶席

茶类——绿茶

茶器——台湾陶磁器

茶花——绿茶、南蛇藤、向日葵、芦苇

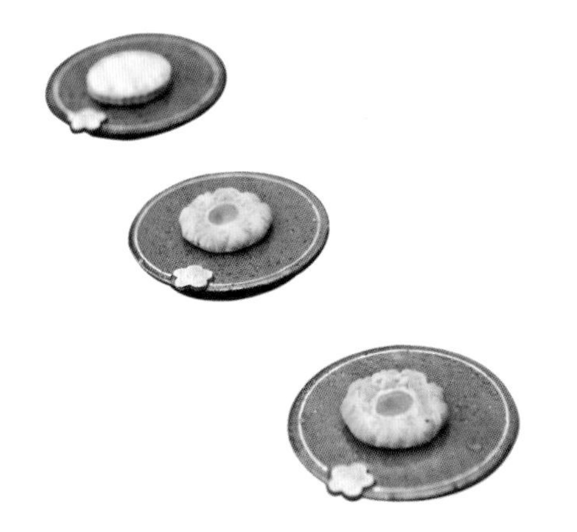

将室内一角辟出摆放了茶席，这张茶席真是颇具少女心思，粉嫩嫩的桌旗铺陈在条桌两角，中间打了一个紫色的超大蝴蝶结，自然垂下，正好与紫罗兰色的餐布形成呼应，温暖柔和。

茶花选用了秋季应节的时花，萧疏的南蛇藤搭配着向日葵，寓意着秋日的来临。圆肚直口瓶的沉稳中和了跳脱的鲜艳花色，直口瓶下有一张线描的花形垫子，处处凸显出主人甜美的小心机。

茶饼分别用小碟子盛放，精致又活泼，符合整张茶席的趣味。

秋游茶席

茶类——黑茶

茶器——无釉

茶花——石竹

选择在秋日的户外喝茶，是让人身心舒畅的一件事儿。无釉的铜制提梁茶壶与茶杯的搭配，在原木茶桌上有股特别的田园气息。

茶花可以选用几支萧索的石竹，叶和花都小小的。唐代司空曙在《云阳寺石竹花》中这样写道，“一自幽山别，相逢此寺中。高低俱出叶，深浅不分丛。野蝶难争白，庭榴暗让红。谁怜芳最久，春露到秋风。”可见这秋日深山里，石竹散漫地生长，与主人悠闲自得的心境恰逢其时地遥相呼应了。

清新脱俗

茶类——发酵茶

茶器——伊罗保

茶花——小菊、茱萸

这张茶席的主人，应该是有宗教信仰的。茶席上放有一支十字架摆件，与茶花摆放在一起。主人选用很圣洁的花作为茶花，比如粉色的小菊、黄色的茱萸以及一些绿色的小草等，它们的颜色并不浓烈，搭配在一起，反而有一种清新脱俗的纯洁质感。

茶具选用了伊罗保，那种证明着历史曾经存在的茶器，粗粝的质感让人感受到浓烈的沧桑意趣。主人家似乎是正在招待眼前的两个朋友，茶点盛放在三角形的小食盘里，宾主尽欢。

美妙的桌景茶席

茶类——青茶

茶器——辰砂

茶花——枫叶

木质的条桌上是一张白色的桌旗，桌旗上没有直接摆放茶具，而是用紫红釉的托盘盛放着。茶具与托盘的釉色一致，紫红釉也与木纹的棕红色形成呼应。

窗边挂着轻纱，被火红色的枫叶缠绕着，与主位上的茶花构造出层次的视觉美感。

紫红釉的茶器颇像是古代钧窑的现代模仿器，我们是不是也可以像赏玩一件钧釉瓷器一样赏其境、观其变呢。当然。釉面是自然窑变形成的意境图画，其中的万千变化、形神聚散自当得细细品赏。

秋日的黄昏，不忘初心

茶类——抹茶

茶器——伊罗保、粉青、白瓷

茶花——枫叶

这一组茶席，茶花选用了尚未变红的枫叶，一支枝蔓高高地昂着头，如同林语堂先生在《秋天的况味》里那般，“秋天的黄昏，一人独坐在沙发上抽烟，看烟头白灰之下露出红光，微微透露出暖气，心头的情绪便跟着那蓝烟缭绕而上，一样的轻松，一样的自由。”

条桌中间配有几支烛台，它们闪烁着微弱的光，跳动的火苗隐隐产生着能量，将这满室的轻松自由浮现在几缕“蓝烟”之中。

茶器选用了伊罗保茶碗，沙子的质感是其他茶碗所不具备的，粗粝而有型，再搭配几只粉青瓷，就是浓浓的自然风情。用这样的茶碗吃着抹茶，是最初浪漫的姿态。

闲梦悠悠，凉风竹楼

茶类——发酵茶

茶器——无釉

茶花——竹子、小菊、蔷薇

无釉的茶具就一定会带来满室的田园气息？不，你还需要竹垫的装饰与点缀，这才形成了“闲梦正悠悠，凉风生竹楼”的闲适意境。

将枯萎的青竹叶子与小雏菊搭配在一起，似乎秋风萧瑟也没有那么令人难过，至少，还有小菊的蓬勃生命力。

雅致的会客茶席

茶类——青茶

茶器——青花白瓷、粉青

茶花——长寿花

这是一张招待重要人物的会客茶席，颜色与器物的搭配皆稳重大气，亚麻质地的餐布与桌旗颜色中正柔和，古朴典雅。茶器分别是一组青花白瓷和一组粉青瓷，端庄雅致。

茶花选用了长寿花，花色可人，最适合在节庆时节装点室内，因此花语中也有健康长寿、大吉大利的意思。在深秋的茶席上，它打破一沉不变的温和中正，增加了些许活泼的氛围，灵动跳跃。

朴趣十足

茶类——抹茶

茶器——粉青

茶花——黄叶

粉青的提梁茶壶里盛满茶水，在小火炉上咕嘟咕嘟地煨着，为萧瑟秋天带来暖意。

暖炉旁是几支深山黄叶，随性地摆放在桌上，颇有“桃李春风一杯酒，江湖夜雨十年灯”的萧索意趣。桌面上的几盏烛台，大概是想在秋凉中送些光明和温暖吧。

生活的乐趣

茶类——发酵茶

茶器——伊罗保

茶花——百合、松树

温暖系的茶室里，可以直接以地面为茶席，在地板上铺就藏蓝色的棉布，之后在其上铺陈一张玫红色的桌旗，可以席地而坐的巨大茶席就形成了。

一盆插着香水百合与松枝的盆栽悬挂在墙壁的窗子上，百合粉嫩的颜色与松枝的青黄色融为一体，代表永不放弃的淡泊与和美。

茶室的壁橱上放满了伊罗保茶碗，既展示了主人的收藏，也营造了氛围。粗粝的伊罗保颜色质朴，与壁橱的棕红色彩混搭成温暖的墙壁装饰。

秋高气爽

茶类——绿茶

茶器——绿辰砂

茶花——常春藤

同样的布局，换上一种茶器和茶花，就变成另一种格调。

辰砂简单的色泽同室内的格调相当统一，而常春藤的出现，让茶室像是回到了夏天，茶室里洋溢着清爽干净的气息。

凭栏对饮

茶类——黄茶

茶器——无釉

茶花——日本樱花

在望江阁楼的一角，开辟出一间雅致的茶室，目之所及是远山、江面，还有青瓦红砖的屋舍房顶。在窗子前饮茶，倒像是凭栏对饮。

窗前一张巨大的原木茶台，可以允许三五人围坐笑闹。无釉的陶瓷器皿盛着黄茶，倒多了几分随性的趣味。

茶花选用了一支樱花，白色、小小的花瓣娇小可人，与这里的气氛却格格不入，嫩绿色的叶子更是衬得它柔弱可怜。五大三粗的友人笑闹都要小声些，别打扰了这支柔若无骨的樱花休憩。白居易曾说， “小园新种红樱树，闲绕花行便当游”，可见，山间的樱花，即使是一支也是莫大的珍贵，有了这一支，你就好似身处林间，满目琳琅美景。

枯山水茶席

茶类——武夷岩茶

茶器——白瓷

茶花——花叶芋、小菊、枯枝等

室内园林近年来特别受到都市人们的欢迎。将窗外的一角布置成枯山水景观，里面采用细沙、碎石铺地，再加上一些叠放有致的茶具，便形成了缩微式的园林小景， 非常有特色。

日式的禅茶因枯山水而诠释得淋漓尽致，茶花的搭配也别出心裁，枯枝和小菊都是自然的花材，与崇尚自然的日式园林相辅相成。

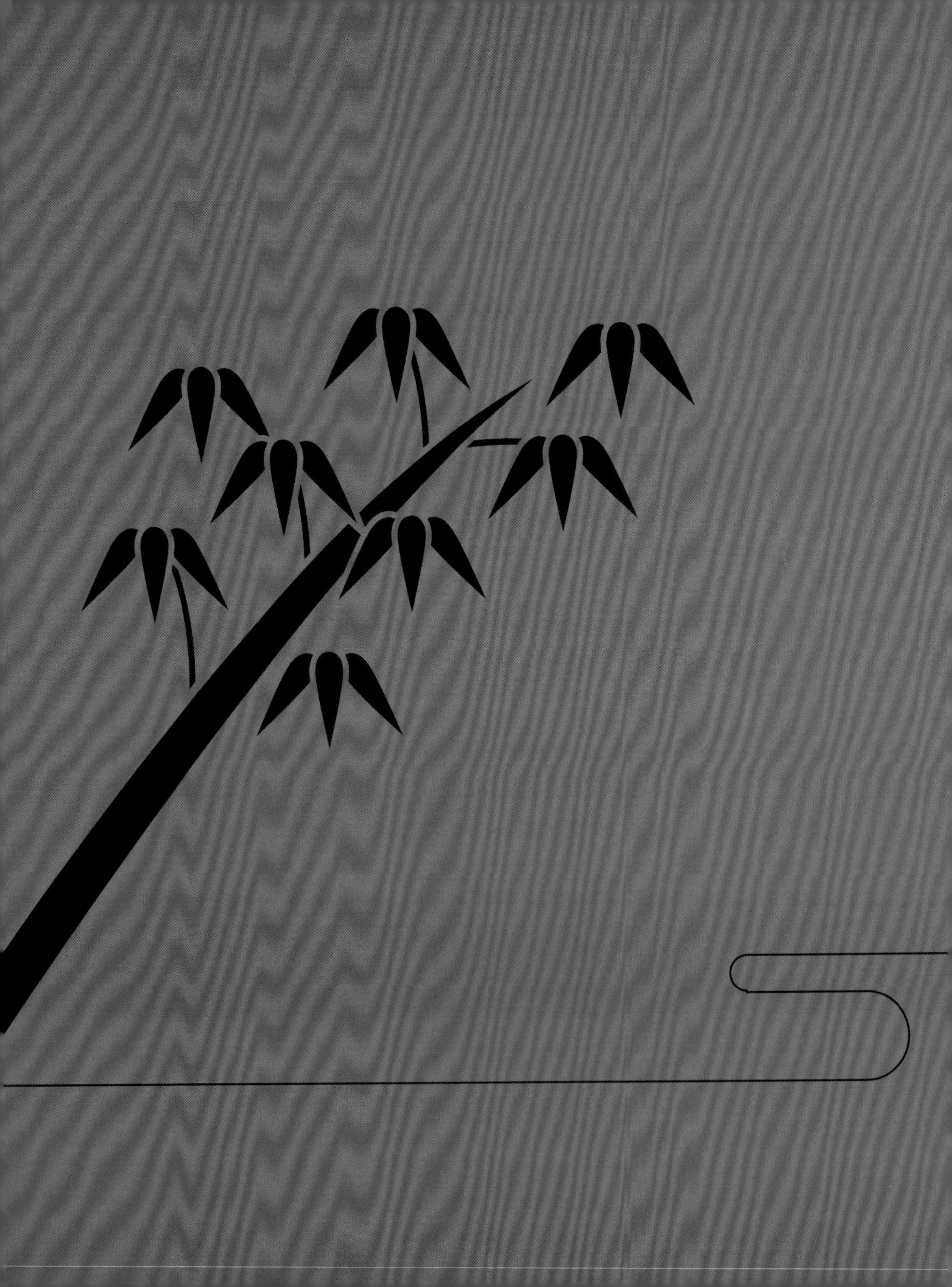

PART 8

冬季茶席

冬日的暖阳

茶类——普洱茶

茶器——无釉

当冬天室内的温度越来越低时，喝茶恰好可以暖暖身心。将背后的靠枕都换成天鹅绒的面料，可以隔绝木质墙壁的冰冷，让身体温暖如初。墙壁上挂着奥地利象征主义画家古斯塔夫·克里姆代表作《吻》的复制品，具浓浓的装饰气息，金箔的颜色令画作本身明亮耀眼，像是太阳一样照得人内心也暖洋洋的。

蓝色的暗纹桌布铺满一整张桌子，无釉的茶杯放置其上，喝一口浓郁的普洱茶，香甜得似是午后采摘下的橘子叶，舌尖尚苦涩，嘴中已经满满地溢出清甜。

无釉的茶器在冬日的阳光里镀上了一层金色，像是虔诚的佛教徒。藏蓝色的神秘与金属器的锐利，互补互纳。看一眼茶器，你都会乐此不疲地一次次陷入视觉的冲击力之中，内心感到前所未有的宁静。

新年茶席

茶类——抹茶

茶器——粉青

茶花——松树

黄色的卷草花纹餐布铺满整张桌子，然后再铺一张相同纹样的普兰色桌旗，互补的配色非常吸睛，更何况还有小碟子里装着的清甜糕饼。

茶花选了松树枝，多放几支后，室内就有一股子松香的气味，似乎唇齿之间都流露着清甜欲滴的草木清香之气。

儒生茶道

茶类——绿茶

茶器——粉青

茶花——虎尾兰

这一组茶席的特征不是很明显，简简单单地流露出冬日里的疏离之感。茶花的颜色也较单一，用绿色的大叶片营造出冬日里的性冷淡风。

搁置茶器的壁橱用的也是浓重的棕色系，像是陈年老木，深深地扎根在这片静室里。

一缕阳光

茶类——黄茶

茶器——金漆白瓷

茶花——松树、小菊

黄茶属轻发酵茶类，和绿茶有些相似，只是在干燥过程的前后增加一道“闷黄”的工艺。“闷黄”主要是将已经杀青或揉捻后的茶叶包好，用湿布闷一段时间，使茶叶氧化后形成黄色。这样的茶用瓷器品赏是最好的，当然也可以选用玻璃器皿。

茶花仍旧是松树枝，这倒像是冬天茶席的标配，见到松枝，那寒冷的气息就扑面而至。茶席上那张白色的桌旗是呈对角线放置的，远远看去，像是一道光线从窗口射入，斜斜地倾洒在桌子上，吸引我们迫不及待地去沐浴、感受。

除了松枝，茶席的一角还摆放着一只鹤鸟标本，振翅欲飞的样子逼真极了。它身上的细绒和阳光一样，不经意间便轻抚了我们的身心。

丰盛的季节

茶类——普洱茶

茶器——漆茶具

茶花——鸡冠花、蔷薇

这组茶席应用了漆器、瓷器、木雕等多种材料，暖黄色的餐布上横亘着亚麻色卷草纹桌旗，两侧依次布置有漆制茶盘，显得丰富无比。

花瓶里插制着鸡冠花与蔷薇，鸡冠花往往在秋天绽放，那火红火红的样子驱走了冬日所有的寒意。

中间由五只小漆盘拼成的环状茶点盘样式精美，旁侧的烛台竟以木雕为基座，样式奇特。

璀璨夺目的时光

茶类——代用茶

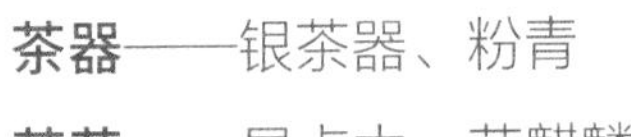

茶器——银茶器、粉青

茶花——星点木、花麒麟

这是一组璀璨夺目的茶席，不仅瓷器样式精美，而且银质提梁茶壶与底座熠熠生辉，足见主人平时对它们的精心呵护。

日常生活中，很多人喜欢应用一些贵金属，银器是较为普遍的一种，不仅作为生活用品，也可以拿来做装饰器物。

与银器茶壶相对应的茶花，花材选用了星点木和红花麒麟，红花麒麟的叶子肉肉的，红色的花瓣也非常可爱，为冷冬抹上了一层暖阳。

圣诞节快来了

茶类——抹茶

茶器——辰砂、白瓷、天目釉、伊罗保、粉青

茶花——高加索蓝盆花、蕨类植物

墙上已经挂上圣诞花环了，看来，节庆就要到来了。

为吻合茶室家具的深色格调，圣诞花环选择了墨绿与银色的搭配，并没有加入一品红等较为鲜亮的植物。餐布与桌旗更是选择了黑白二色，简洁大气。

瓷器竟然有五种之多，包括了辰砂、白瓷、天目釉、伊罗保和粉青瓷。这五种茶器应是主人平日的收藏，此时拿出来，更显得弥足珍贵。

在一边默默绽放的高加索蓝盆花是一种松虫草，高昂着头，俯视着茶桌上的一切事物，像是一个聪明而又智慧的旁观者。

幽兰生空谷，无人茶自香

茶类——普洱茶

茶器——黑釉

茶花——小菊

黑色、紫色与红色的搭配奇妙非常，紫色属于冷色，红色属于暖色，但是它们属性相似，都有着大气、奔放和高贵的性格，与室内原有的白色与胡桃木色基调糅杂在一起，视觉非常和谐。

主人位背后是一个展示架，放满了各式各样的茶器，也充当了装饰的作用。茶席上黑釉的茶器，满满当当地横亘在桌面上，很是厚重端庄。

普洱茶既可清饮，也可混饮。混饮的时候，往往在茶里加入一些西洋参、枸杞等养生药材，喝起来会有滋补身体的功效。清饮闻香的时候，陈年芳香扑涌而来，像是身处在幽兰清菊之中。喝入口中，唇齿间略感苦涩，但是少许停留几秒，便会感到舌根生津，满口余香，这就是所谓的“回韵”。

长者茶席

茶类——发酵茶

茶器——粉青

茶花——洋兰

曲线形的坐席方便家人围坐在一起促膝相谈，更加亲密。浅调的木质室内装饰略显寡淡，这似乎是一间长者的茶室，桌角布置了一盆洋兰茶花，既高雅尊贵，也寓意着威严不容侵犯。

用粉青瓷盛满一杯发酵茶，慢慢地送到主位的长者手上，这满室的淡然、朴素风气，也就不难理解了。

沉淀喧闹

茶类——绿茶

茶器——金漆白瓷

茶花——松树

新年过后，处处笙歌的喧嚣已成过去，急需一些冷感的时间来沉淀喧闹。灰色亚麻的餐垫上放置着辰砂质感的茶盘，厚重的颜色在深冬之中会带来不够亲切的冷感。

所幸茶盏是金色的，金釉刷在白瓷的茶器上金光闪闪，增加了不少贵气。于是这冷感的茶室里，便多了一丝温情。

松针配上一朵白色的小花，与室内的格调非常相配。

温暖如春

茶类——普洱茶

茶器——黑釉

茶花——梅花

冬日的壁炉旁常常是暖烘烘的，人们更喜欢待在这里。温度渐渐升高，隔绝了外面的寒风呼啸，室内却温暖如春。

在壁炉旁搭建一张茶席，茶水也久久恒温，品赏起来似是一朝回到春季。

茶花选用了红梅，几枝插入方瓶内，清雅脱俗。茶器是黑釉瓷器，普洱茶的茶色在黑瓷中依旧看得清晰。茶色与器皿一样，几番洗涤，更显得清透明亮。

独处自饮

茶类——抹茶

茶器——粉青

茶花——小菊

“大音希声，大象无形”，学会与自己独处，是每个人的必备技能。拉布叶说过，“我们承受所有不幸皆因我们无法独处。”可见独处对于我们生活的重要性。

独处的净室不需要很华丽，一块藏蓝色的垫子与一块原木的茶盘就足矣。朴素的格调更能唤起人们心中的原始情绪，促使我们渐渐安静下来。

一旁的小菊花陪着主人，静静开放。

下午茶小聚

茶类——抹茶

茶器——粉青

下午茶是一种仅次于晚宴或是晚会的非正式社交场，很多人会选在下午茶时段来放松自己，如果再配上一曲悠扬轻松的占典音乐来佐茶，那就最好不过了。

这组茶席非常适合家庭小聚，朴素却不失乐趣，看上去令人身心舒适。抹茶碗已备齐，茶筅也已准备妥当，就等着大家动手将抹茶粉变为“白花浮光凝碗面”的新鲜茶汤。一旁的博物架上放置着一排小烛台，为大家吃茶带来一些小情趣。

欧式的格调

茶类——红茶

茶器——欧洲红茶盏

又到了狂欢的时节，即使冬季气温只降不升，也不能抵挡人们品茶的热情。餐桌上是色彩缤纷的茶器，姹紫嫣红得像花儿一样绽放在桌角。餐布用了暗一点的颜色，将桌面上的繁复色彩融合在一起，显得更为协调一些。

远处的高耸烛台将整张茶席衬托得更加欧式，与头顶的吊灯相呼应，像是在诉说神曲。茶具选用的是欧式红茶盏，在午后的温暖阳光中饮一杯红茶，这大概是欧洲人的习惯。他们的茶盏颜色往往多变，器具身上绘满插图，精致又高贵。

杯子的口沿处插着一片咸柠檬，处理过后的柠檬片清甜芳香，如果担心红茶苦涩，滴入一两滴柠檬的汁液，唇齿间便尽是馨香馥郁了。

冬日元素

茶类——绿茶

茶器——青瓷

茶花——向日葵、星点木

星点木和向日葵若说有什么共同的性格，那一定是他们都属耐生性很强的热烈植物。在冬日茶室的一角，这样的植物总是给人无穷尽的能量。向日葵高挺着插立在瓶子里，瓶口是星点木叶子的装点，二者和谐有秩，静静地等待着春天的来临。

二人对坐的茶席旁是支着的火炉子，温着开水，水泡“咕嘟咕嘟”地冒上来，热气也蒸腾在室内，很是温暖的样子，一旁立着烛台也是温暖明亮。我爱这温暖的冬日的元素。

附录 A　12种茶席用具

序号	种类	文化特征	挑选、使用方法	代表图片
1	煮水壶、火炉	“茶室四宝”之中的玉书煨即是煮水壶，潮汕炉则是烧开水用的火炉。 玉书煨为赭色薄瓷扁形壶，容水量约为250毫升，水沸时，盖子“卜卜”作响，如唤人泡茶。	一般的茶艺馆，多使用宜兴产的紫砂壶；铁壶古朴、耐看，煮出的水为软水，口感较圆润、甘甜，用来冲泡茶品，可有效提升口感，不过铁壶提起来较为沉重；银壶煮的水味道软甜，壶也不重，只是价格比较高。	
2	壶承	壶承本来的功用是为了保证席面的整洁干爽，承接淋壶的热水。淋壶的目的是为壶加温，以泡出茶的精美真味。	需要高温冲泡的茶叶才用得上淋壶，此时须选用深腹的茶船，以便承接淋壶的热水。 使用深腹的壶承泡茶时，要记得随手倒掉淋过壶的热水，不要把茶壶久浸在已经冷却的凉水之中，否则，不但使壶温下降，泡不出美味的茶汤，而且日久之后壶身会产生上下两截色泽。 在冲泡一些无须淋壶的茶叶时，可自由选择各种质地、颜色、大小的浅碟或无边框的垫板来做搭配，以凸显壶身的线条美感。	

续表

序号	种类	文化特征	挑选、使用方法	代表图片
3	**茶壶**	茶壶是茶具的中心，壶的大小、泥料、形制等亦关系到茶汤的香气和韵味。明代对壶器主张以小为贵，“壶小则香不涣散，味不耽搁”；许次纾在《茶疏·瓯注》中指出，银锡制壶有利茶汤，其次是内外施釉的瓷壶，可惜老瓷壶大多不耐沸水骤浇，瓷身易裂。而江苏宜兴砂壶虽深受当时的茶人推崇，仍需避免烧结温度不足，土气败茶。	选壶时，手握起来感觉是否合适，有些壶的把手不好把握，或者重心往前倾难以操作，则代表不理想。在壶里注满水后，能够以单手平提起来，缓缓倒水，出水的感觉自在顺手，就表示壶的重心适中、稳定。	
4	**盖碗**	盖碗亦称盖杯，是含盖、碗、托三件一式的茶器。清代北方流行花茶，茶汤容量较多，具保温功能的盖碗便发展起来。 盖碗的口大，揭开碗盖，茶汤、叶形都能观赏得很清楚。饮时多以盖拨茶，可直接啜饮，还可以拿起杯盖，移至鼻端闻香。杯托则可以避免端茶烫手，托着杯托，使盖碗看起来雅致大方。	选购盖碗时，要亲自端起来试试，有时候过大的盖碗口径，手是无法负担的。同时试试盖子是否拨动自如，这样在拨茶叶时才可方便使用。	

续表

序号	种类	文化特征	挑选、使用方法	代表图片
5	茶盅	茶盅，又名公道杯，也有称其为“茶海”的，为求能浓淡均匀地分配每一杯茶汤而名之。		
6	茶杯	茶杯的力量足以改变茶汤的风味。我们用不同质地、颜色、形状、大小、高低、厚薄的杯子来品茶，茶汤就会呈现出不同的气质。	不论什么茶，挑选好的杯子来品饮，茶汤的香气、汤色、滋味，都会更加细致、丰富而迷人。	
7	茶罐	茶罐是指贮藏茶叶的容器，忌强光照射，避暑湿。	茶罐的材质丰富，常见的有陶瓷、紫砂、竹制、锡罐等，一般选用密度高的瓷罐或内外施釉的陶瓮，金属容器则应避免油垢铁锈之气。 茶叶存放时要避免日照，所以最基本的要求是应置于不透光的罐子中，市面上的玻璃茶罐多是为了美观或陈设而推出。	
8	茶则、茶匙	取用茶叶的时候，最好使用茶则。手上有汗，以免茶叶吸附杂味。 茶匙除了掏取茶渣，尚有通壶之用。	茶叶的外形各异，球状的茶叶很容易置茶，条索状的茶叶就要准备比较大的竹茶则才好取用。 截取春日发芽的嫩竹枝，稍加修整便可做出流线自然的茶匙，再枕以溪边随形的卵石，就是天然的茶匙与匙置了；也可选用纤细的香箸替代茶匙，可更自由地夹取渣叶。	

续表

序号	种类	文化特征	挑选、使用方法	代表图片
9	**杯托**	杯托，古称盏托。杯托的用途主要在于防止烫手，同时也有卫生上的考量，为了避免直接触到杯缘，茶主人以杯托的方式奉茶给客人，较为妥当，也显得雅致。	杯托之于杯子，一如淑女的鞋子与衣物的搭配，可以强势，可以隆重，也可以低吟。	
10	**茶盘**	茶盘是用来盛放茶壶、茶杯、茶宠乃至茶食的浅底器皿。	茶盘选材广泛，常见的有金属、竹木、陶土等，其中又以金属茶盘最为简便耐用，以竹制茶盘最为清雅相宜。此外，还有用特殊石材（如玉石、端砚石、紫砂）制作的茶盘，古朴厚重，别有韵味。	
11	**水方**	水方又称水盂、纳污，用于倾置温壶清杯后的水和冲泡完的渣叶。	水方的选择，要根据泡茶的空间来决定，一般来说，如果想把水方放置在茶席中，选用精致的小水方即可；如果需要稍大一点的，最好把它移至远离茶客的地方，但要注意顺手好用的原则。 色彩的选择，宜与其他茶具色泽、材质搭配，市面上常见的水方多以陶瓷为主。	
12	**洁方**	洁方即是茶巾，古为拭盏洁器之用。当我们以高温泡茶，淋过壶之后，可以把茶壶放在洁方的上面，吸去壶底的热水，再出汤，淋壶的水就不会顺着壶身而下了。	泡茶时随手使用的洁方，一般不超过手帕大小，力求精致小巧即可。	

附录B　茶叶的“奇葩”吃法

序号	种类	文化特征	代表图片
1	马来西亚“肉骨茶”	所谓肉骨茶，就是一边吃肉骨一边喝茶。肉骨多选用新鲜带瘦肉的排骨，也有用猪蹄、牛肉或鸡肉的。烧制时，肉骨先用佐料进行烹调，文火炖熟。有的还会放上党参、枸杞、熟地等滋补名贵药材，使肉骨变得更加清香味美，富有营养。而茶叶则大多选自福建的乌龙茶，如大红袍、铁观音之类。如今，肉骨茶已发展成为一种大众化的食品。	
2	印度“舔茶”	印度人烹茶的方式是将茶壶放在火炉上慢慢炖煮，等到要喝的时候再用勺子舀出来。饮茶方式很特别，是将浓茶倒在茶盘里，用舌头舔着喝，当地人叫做“舔茶”。茶盘要用右手托着，不能使用左手，因为左手是专门用于洗澡和上厕所的。	
3	英国什锦茶	茶是英国人最喜爱的饮料之一，他们常在茶里掺入橘子、玫瑰等辅食，有时加一块糖或少许牛奶，据说这样能减少伤胃的茶碱，更能发挥茶的健身作用。英国茶分早茶、午饭茶、下午茶和晚饭茶。	

续表

序号	种类	文化特征	代表图片
4	日式抹茶	点茶、煮茶、冲茶、献茶，是日本茶道仪式的主要部分，需要专门的技术和训练。 品茶很讲究场所，一般在茶室中进行。接待宾客时，待客人入座后，由主持仪式的茶师按规定动作点炭火、煮开水、冲茶或抹茶，然后依次献给宾客。 客人按规定须恭敬地双手接茶，先致谢，尔后三转茶碗，轻品、慢饮、奉还。饮茶完毕，按照习惯，客人要对各种茶具进行鉴赏，赞美一番。最后，客人向主人跪拜告别，主人热情相送。	
5	北非薄荷茶	地处北非的苏丹人喝茶，喜欢在绿茶里加入几片新鲜薄荷叶和一些冰糖，饮时清凉可口。有客来访，客人得将主人敬献的三杯茶喝完，才算有礼貌。	
6	俄罗斯果酱茶	俄罗斯人在喝红茶的时候，喜欢往里面加果酱，口感丰富，但最经典的俄式吃法还是一口果酱一口茶。冬天则喜欢加入甜酒，以预防感冒，特别受到寒冷地区居民的喜爱。	
7	泰国腌茶	泰国北部地区的人们有喜欢吃腌茶的风俗，与中国云南少数民族制作的腌茶类似，通常在雨季腌制。腌茶名为茶，实则更像是一道美食，将它和香料拌和后直接放进嘴里细嚼，又香又凉。	

附录 C　世界各国饮茶文化

序号	地域	文化特征	代表图片
1	中国	中国人很重礼节，但凡来了客人，沏茶、敬茶的礼仪必不可少。当有客人来访，可先争求意见，选用适合来客口味的茶叶和最佳的茶具待客。陪伴饮茶时，注意客人杯、壶中的茶水残留量，注意随喝随添，使茶水浓度基本保持一致，水温适宜。饮茶时也可适当佐以茶食、糖果、菜肴等，达到调节口味的功效。	
2	蒙古	蒙古人喜爱吃砖茶，他们把砖茶放在木臼中捣成粉末，加水放在锅中煮开，然后再加上一些牛奶和羊奶。	
3	日本	日本多以喝清茶为主，茶文化中的茶道最为著名，其表现方式严谨、内涵丰富，令人叫绝。外国人在日本旅游时，观赏茶道几乎是必备项目。	
4	韩国	茶文化也是韩国传统文化中的一部分，韩国茶礼讲究以礼相待、以诚待人，成人茶礼是韩国茶日的重要活动之一。韩国人将中国上古时代的部落首领神农氏称作茶圣。为纪念茶圣，韩国人还专门编排出“高丽五行茶”茶礼仪式。	

续表

序号	地域	文化特征	代表图片
5	泰国	泰国人喜爱在茶水里加冰，让茶冷却甚至冰冻，品尝起来沁人心脾。烈日之下，喝一杯冰茶，既能去热散湿，也能颐养心神。	
6	斯里兰卡	斯里兰卡的居民酷爱喝浓茶，茶叶又涩又苦，他们却觉得津津有味。该国红茶畅销世界各地，在首都科伦坡有经销茶叶的大商行，里面设有试茶部，由专家凭舌试味，再核等级和价格。	
7	印度	印度人好喝奶茶，也爱喝一种加姜或小豆蔻的“萨马拉茶”。印度人传统饮茶的方法较为独特，他们把茶倒在盘子里用舌头舔饮，而且绝不能左手递送茶具。	
8	土耳其	土耳其人热情好客，请喝茶更是他们的一种传统习俗。土耳其茶喝起来较苦，虽然茶味浓郁，却不是那么讨喜。只有土耳其盛产的苹果茶，可以说是老少咸宜，男女皆爱。酸酸甜甜的苹果茶，浓浓的苹果味加上茶香，尤其是在透着清寒的秋日，喝起来分外舒爽。	
9	马来西亚	马来西亚的肉骨茶口碑不俗。肉骨茶吃法独特，其汤配猪腰，再蘸豆卜或者油条来吃，大块肉则可吃可不吃。	

续表

序号	地域	文化特征	代表图片
10	英国	英国有着浓厚的下午茶传统，人们喜爱现煮的浓茶，适量放糖，并加少许冷牛奶。茶几乎可以称为是英国的民族饮料。	
11	法国	法国的饮茶文化从皇室贵族、中产阶层逐渐普及至民间，成为法国人生活与社交不可或缺的一部分。现今法国人最爱饮用绿茶、红茶、沱茶和花茶，有些地方还会在茶中加入新鲜鸡蛋，或者加入杜松子酒或威士忌酒。	
12	荷兰	荷兰作为曾经的“海上马车夫”，是最早从中国引进茶叶的欧洲国家。1605 年，茶叶便成为荷兰上层社会的饮品之一。荷兰人独创了奶茶饮法，这一创造深深影响了日后欧美其他各国的茶文化。	
13	俄罗斯	早在 19 世纪下半叶，俄罗斯便成为中国茶叶的最大买主。俄罗斯人喜爱喝红茶，茶味浓郁。喝茶时，他们会先倒半杯，再加热开水，然后再加两片方糖与柠檬片，程序和步骤也非常讲究。	
14	马里	马里人喜爱饭后喝茶，他们把茶叶和水放入茶壶里，炖在泥炉上煮开。茶煮沸后加上糖，每人斟一杯。他们的煮茶方法不同一般，每天起床就以锡罐烧水，投入茶叶，任其煎煮直到同时煮的腌肉烧熟，再一起吃肉喝茶。	
15	北非国家	北非盛行薄荷茶，当地人喜欢在绿茶里放置几片新鲜薄荷叶和冰糖，饮时清凉可口。需要提及的是，当有客人来访，客人得将主人敬的三杯茶喝完，才算有礼貌。北非中的埃及崇尚甜茶，喝时会有黏糊之感，外来客人大多不太习惯。	

续表

序号	地域	文化特征	代表图片
16	德国	德国人饮茶既可笑又可爱，当地也产花茶，但不是我国用茉莉花、玉兰花或米兰花等制作的茶叶，他们所谓的“花茶”，是用各种花瓣加上苹果、山楂等果干制成的，里面一片茶叶也没有，真正是“有花无茶”。德国花茶饮时需放糖，否则花香太盛，有股涩酸味。 德国人也买中国茶叶，但居家饮茶是用沸水将放在细密金属筛子上的茶叶不断冲洗，冲下的茶水通过安装于筛子下的漏斗流到茶壶内，之后再将茶叶倒掉。有中国人到德国人家做客，发觉其茶味淡颜色浅，一问，才知是德国人独具特色的“冲茶”习惯。	
17	新西兰	新西兰人把喝茶作为人生最大的享受之一，许多机关、学校、厂矿等还特别订出饮茶时间，各乡镇的茶叶店和茶馆比比皆是。	
18	加拿大	加拿大人的泡茶方法较为特别，先将陶壶烫热，放一茶匙茶叶，然后以沸水注于其上，浸七八分钟，再将茶叶倾入另一热壶供饮，通常加入乳酪与糖。	
19	美国	“速度”“效率”是美国的文化基因，茶文化也受此影响。美国人不愿为冲泡茶叶、倾倒茶渣浪费时间，因此他们常喝乌龙、绿茶等罐装冷饮茶。他们喜欢在茶中加冰，或者将罐装茶放于冰箱中冰好，喝起来凉爽可口。在美国，茶饮销量仅次于咖啡。	
20	南美国家	南美有许多国家，人们喜欢用当地马黛树的叶子制成茶，叫做马黛茶，既提神又助消化。他们的饮茶方式是用吸管从茶杯中慢慢品味的。	

图书在版编目（CIP）数据

茶室陈设 / 茶阅世界·素茗堂编著. -- 南京 ：江苏凤凰科学技术出版社，2019.6
ISBN 978-7-5713-0245-0

Ⅰ. ①茶… Ⅱ. ①茶… Ⅲ. ①茶馆－室内布置－设计 Ⅳ. ①TU247.3

中国版本图书馆CIP数据核字(2019)第062107号

茶室陈设

编　　著　茶阅世界·素茗堂
项目策划　凤凰空间／段建姣
责任编辑　刘屹立　赵　研
特约编辑　段建姣　么鑫喆

出版发行　江苏凤凰科学技术出版社
出版社地址　南京市湖南路1号A楼，邮编：210009
出版社网址　http：//www.pspress.cn
总　经　销　天津凤凰空间文化传媒有限公司
总经销网址　http：//www.ifengspace.cn
印　　刷　天津久佳雅创印刷有限公司

开　　本　710 mm×1000 mm　1／16
印　　张　12
版　　次　2019年6月第1版
印　　次　2019年6月第1次印刷

标准书号　ISBN 978-7-5713-0245-0
定　　价　68.00元